ETUDE SUR L'HISTOIRE

DU

CHEVAL ARABE

DARLEY ARABIAN
par Fischer, pour M. Henry Darley, Esq.

ÉTUDE SUR L'HISTOIRE

DU

CHEVAL ARABE

SON ORIGINE

LES LIEUX OU ON PEUT LE TROUVER, SON EMPLOI EN EUROPE

Son rôle dans la formation de la race de

PUR SANG

Son influence sur d'autres races

PAR

LE C^{LE} LE COUTEULX DE CANTELEU

PARIS

LIBRAIRIE PAIRAULT

BIBLIOTHÈQUE CYNÉGÉTIQUE ET SPORTIVE

3, Passage Nollet, 3

1885

ÉTUDE

L'HISTOIRE DU CHEVAL ARABE

Je désire démontrer dans cette étude :

Que la race arabe ne fut point primitivement originaire de l'Arabie centrale, que la race originelle fut amenée par les Aryens des plateaux de l'Asie centrale et introduite en Egypte par les Hycksos ou peuples Pasteurs (1), lors de leur grande invasion dans ce pays, qu'elle se répandit dans la Nouvelle Egypte, le Soudan, le Darfour, l'Abyssinie lorsque les Pharaons y furent repoussés ; que de l'Egypte elle fut introduite chez les

---

(1) Il est possible, toutefois, que les Hycksos aient introduit en Egypte la race Mongolique, c'est-à-dire la race Asiatique à tête brusquée et à croupe un peu avalée (la race actuelle de la Nubie et du Dongola), et non la race Aryenne ou Arabe à chanfrein droit, ainsi que le démontre M. Piétrement dans son bel ouvrage sur les chevaux dans les temps pré-historiques et historiques, car il me paraît peu probable qu'il y ait eu là une race africaine indigène, ainsi que le prétend M. Sansor

Hébreux, par David et par Salomon, et en Arabie, seulement au commencement de l'ère chrétienne, qu'elle ne se perfectionna et ne devint nombreuse qu'à partir de Mahomet qui fit de son amélioration un dogme religieux si bien approprié aux mœurs des Arabes, que, perfectionnée et brillante un moment sur les côtes de la Méditerranée, dans le pays qu'on appela la Barbarie, elle fut amenée une première fois en Gaule par les Maures d'Espagne et ensuite par les Croisés, que son sang fut alors introduit dans beaucoup de races, qu'elle a amélioré les races Bretonnes, Navarines, Limousines, Auvergnates, etc., où elle retrouvait des traces de son sang; qu'elle a coopéré à la formation (1) des races Percheronnes et Boulonnaises, qu'employée en Angleterre, surtout à partir de Charles XI, sous le nom de Turque, Persane, Barbe etc., elle y a formée la race de pur sang (2); qu'elle a coopérée, plus qu'on ne le croit encore généralement, à former dans cette race, les bonnes familles; qu'elle fut ensuite constamment transportée en Europe pour retremper

---

(1) Ou plutôt à l'amélioration de races percheronne, boulonnaise, belge, etc., qui pourraient bien avoir été indigènes.

(2) Quand je dis la race de pur sang, je n'ai pas la prétention de dire qu'il a été formé un race nouvelle, car jamais deux races croisées n'ont formé réellement une nouvelle race, mais seulement des métis. Toutefois, pour certains chevaux de pur sang, qui par hasard n'ont point à leur origine un croisement avec une race inconnue, mais qui descendent directement de chevaux de race arabe pure, ils sont bien d'une race, mais de la race Asiatique, c'est-à-dire Aryenne ou Mongolique, croisées entre elles.

les races de l'Autriche, de la Hongrie, de l'Allemagne et même de la Russie par les nombreuses importations de la Perse et de la Géorgie.

Nous verrons que si depuis un siècle elle a été moins employée par les Anglais pour la race de pur sang, depuis quelques années elle paraît reprendre une certaine faveur aux yeux des gens les plus compétents, comme jugée indispensable pour combattre une certaine dégénérescence bien visible.

Nous verrons aussi qu'il devient de plus en plus difficile de se procurer de la race pure dans son pays natal et que vu, la difficulté de s'en procurer, on sera probablement obligé de la garder à l'état pur, dans les pays les plus propres à la conserver, pour ne pas la voir disparaître.

Voyons d'abord son histoire et les lieux où on la trouve, avant d'aborder l'étude du rôle qu'elle a joué dans la formation de la race de pur sang.

Le cheval arabe, son origine, lieux où l'on peut trouver la race pure.

On a cru longtemps et beaucoup d'excellents auteurs ont écrit que l'Arabie était la patrie des chevaux arabes, mais tous les travaux récents de savants émérites, les Pictet, Prisse d'Avesnes, Piétrement, etc., prouvent que l'Arabie n'avait guère de chevaux dans les temps les plus reculés et que bien des pays avaient des chevaux avant que l'Arabie n'en fut peuplée, que le cheval n'existait pas, dans la vallée du Nil, avant Sesostris (3400 av. J.-C.), que les Hébreux ne se sont jamais servis de chevaux avant l'époque des Rois, que ce fut David qui introduisit les chevaux chez les Hébreux et que ce fut Salomon qui en généralisa l'emploi chez eux (1000 av. J.-C.), que ce furent les Hycksos ou peuples Pasteurs descendant des Aryens et venant des hauts plateaux de l'Asie, qui introduisirent les chevaux en Egypte lors de leur grande invasion (de 2000 à 3000 av. J.-C.), qu'en effet, les Aryens, ancêtres des Indous, des Perses, des Iraniens et de la plupart des anciennes populations de l'Asie-Mineure et d'une grande majorité des peuples de l'Europe, ont toujours eu et domestiqué une race de chevaux indigènes des hauts plateaux de l'Asie centrale à une époque des plus reculée (20,000 environ av. J.-C.), que les chevaux amenés par les Hycksos en Egypte, se répandirent dans la Haute-Egypte et dans tous les pays environnants, se conservant, s'améliorant, s'altérant ou même disparaissant suivant les mœurs, les goûts et les habitudes des habitants, se conservant et s'améliorant de préférence chez les peubles nomades, guerriers ou pasteurs, comme chez les Arabes, Bédouins de l'Arabie, dans les tribus Bédouines qui longent le Soudan et la Tripolitaine ou s'abatardissant chez les autres comme en Egypte, en Syrie, dans la Nubie, l'Abyssinie, etc.

Ce n'est guère que vers le commencement de l'ère chrétienne que cette race s'est répandue d'Egypte dans la Péninsule arabique, car tous les auteurs romains, Strabon, entre autres, dont on doit admettre les écrits plutôt que les fabuleuses légendes des Arabes, constatent que l'Arabie était dépourvue de chevaux au temps d'Auguste, et que si les Arabes ont possédé quelque race de chevaux péninsulaire avant l'ère chrétienne, ce n'est vraiment qu'à cette époque qu'ils ont commencé à se préoccuper de la création de leur belle race de chevaux.

Tel est le résultat qu'un critique sévère peut extraire de tous les travaux des meilleurs écrivains modernes.

Il est certain que Salomon a importé d'Egypte de nombreux et splendides chevaux de pure race, mais leurs descendants se sont-ils répandus de suite, comme on le croyait dans la péninsule arabique? c'est douteux; car on doit tenir plus d'estime des nombreux écrits des auteurs romains, généralement si exacts et si bien informés, qui, en décrivant l'Arabie de cette époque, ont toujours écrit que ce pays avait de nombreux chameaux mais pas de chevaux, et, sous Auguste, un général romain pu parcourir toute l'Arabie pendant huit mois, prenant des villes, ravageant le pays, sans trouver de chevaux.

La critique doit tenir meilleur compte des écrits

de Strabon et autres auteurs romains, que des légendes et récits fabuleux des Arabes, récits qui ne sont fondés ni sur des écrits ni sur des inscriptions. D'ailleurs, il ne faut pas oublier que Mahomet, du commencement de ses guerres, eut la plus grande peine à réunir des chevaux et que ses premières troupes étaient presque toutes montées sur des chameaux, comme elles l'étaient du temps de Strabon.

L'amélioration et le perfectionnement de la race arabe ne date donc guère que du temps de Mahomet qui, en faisant un acte religieux de l'amour du cheval, élevant son culte à l'état de dogme, posant des règles toujours suivies qui, en cas de razzias, attribuaient double butin au possesseur du cheval pur et une en outre au cavalier, faisant en somme de l'amour du cheval pur, une des bases de son système, a réellement perfectionné et créé la belle race arabe.

Ce système convenait d'autant mieux aux Bédouins du désert, que le cheval de grande race, vite et résistant aux grandes fatigues et aux courses excessives, est un bien innapréciable pour eux, car avec leur vie errante, leur vols, leurs razzias, leur façon de combattre la possession d'un cheval de grandes qualités devient une question de vie ou de mort pour eux; aussi les progrès de la civilisation, la fin des guerres de tribus à tribus, la suppression des razzias, la misère qui en est pour eux la suite, enfin la soumission aux Turcs, feront-ils un jour, probablement, disparaître la race.

Parmi les nombreuses tribus d'Arabes, quelques-unes, comme par exemple les Chamar et les Anezeh, ont toujours été fort célèbres pour leurs races de chevaux, tenant à leur origine, à leur généalogie, leur histoire, se défaisant difficilement de leurs étalons et presque jamais de leurs bonnes juments, tandis que beaucoup d'autres tribus, en relation d'un côté avec les Turcs, de l'autre avec les Anglais, comme les Montificshs par exemple, faisaient avec eux le commerce de chevaux, se transformant en courtiers, achetant des chevaux aux autres tribus ou en Syrie, ou en en élevant de n'importe quelle origine, pour les revendre ensuite.

C'est ainsi que ces tribus font depuis longtemps le commerce des chevaux pour l'Inde, en amenant aux agents anglais, auxquels ils les livrent à Bassorah sur le golfe Persique ; ces chevaux sont généralement de médiocre origine et sans grande valeur sous le rapport de la pureté de race.

On peut presque dire qu'on ne peut maintenant trouver de chevaux de pure race Arabe que dans les diverses tribus des Anezeh, ou dans l'empire du Nedjd et encore ces derniers proviennent-ils originairement des Anezeh.

Comme, en outre, on ne peut pénétrer dans l'empire du Nedjd et que les Wahabites n'exportent jamais de chevaux, il est presque impossible de s'en procurer venant de chez eux.

Il **a fallu**, il y a quelque 40 ans, la prise de l'Empire du Nedjd par Ibrahim-Pacha pour ramener en Egypte beaucoup de ces beaux chevaux dont la plupart sont allés mourir sans résultat dans les haras d'Abbas-Pacha et dont quelques-uns sesont répandus ensuite en Europe.

Si l'on s'étonne que ce ne soit ni à Constantinople, ni au Caire, ni à Tripoli qu'on puisse trouver les vrais chevaux arabes et que tant de pachas, beys, etc., après avoir fait venir des meilleurs chevaux arabes, achetés des sommes folles, dans les meilleurs tribus, la race n'en soit pas restée en Egypte, à Constantinople, à Tanger, à Tripoli, etc., c'est qu'en Orient, partout où est le Turc, tout meurt faute de soins, et si le désert, la vie des tentes, les habitudes libres des Arabes de l'Arabie et des Bédouins de l'intérieur de l'Afrique n'avaient sauvé le cheval arabe loin de l'administration turque, il y a longtemps que le cheval arabe aurait disparu.

Le cheval arabe d'élite est indispensable à l'Arabe, au Bédouin qui a besoin pour ses coups de main, ses guerres, ses fuites, d'un cheval très vite et très résistant. De plus, comme je l'ai déjà dit, Mahomet en instituant chez eux la règle de deux parts de butin au cheval pur et une à son cavalier contre une au cheval non pur, a naturellement poussé à la conservation de la race pure si nécessaire à l'Arabe.

Avant d'aborder la classification des plus belles

familles arabes et la description du cheval pur, voyons où on peut le trouver.

Les Anezeh

Les Anezeh sont incontestablement les tribus bédouines de l'Arabie qui possèdent la race la plus pure.

Composés de plusieurs tribus, les Ooueled-Ali, les Anezeh-Roalla, les Anezeh-Fedan, les Beni-Sokor, les Djelas, les Sebaah, etc. Ils se trouvent ordinairement depuis Hamdam jusqu'à Bordaz (Bagdad), et depuis Halch (Alep) jusqu'au Nedjd. Leurs campements favoris sont les Monts Bichéri, juste au Nord de Tadmor.

Ils vont au Nord, après les pluies du printemps, pour profiter des pâturages et faire le commerce avec les villes frontières dont ils n'approchent jamais à plus de trois journées de marche. Quand les pâturages viennent à manquer, ils circulent autour du désert et retournent ensuite au Midi passer l'hiver. Les Djelas et les Sebaah sont les plus riches de ces tribus et ils ont des troupeaux immenses de chameaux et de superbes chevaux dont ils ne font point le trafic. Ils demeurent constamment dans les plaines du désert, dans des espaces libres, sans asiles fixes, sans constructions, sans cultures.

Chaque année, une troupe d'Anezeh vient vers la Syrie, du côté du Hauran, faire la vente de leurs chameaux et de quelques chevaux, mais à un prix élevé, et pas les meilleurs. Pour voir leurs animaux d'élite, il faut aller à leur recherche, séjourner chez eux, vivre de leur vie, les accompagner ; c'est ce que fit le capitaine Roger Upton, qui, il y a quelques années, séjourna chez eux et se lia avec leurs cheikls ; il trouva plus facile de se procurer des juments que des étalons, et dit qu il faut s'estimer heureux si, en somme, on peut réussir à se procurer un bon cheval par mois. Djedran Ibn-Mehayd, ancien cheikl des Fedan, est en ce moment cheikl des cheikls de cinq tribus réunies, mais les Sebaah qui ont de très beaux chevaux et qui sont maintenant hors de la confédération des tribus, paraissent séjourner plus particulièrement du côté du Nedjd.

On connnaît, en somme encore très peu l'Arabie centrale. Combien d'Européens sont-ils allés du Nedjd orientale jusqu'à Haça sur le golfe persique. Nous avons à visiter depuis Bassora jusqu'à Médine, depuis Médine jusqu'à El-Haça, c'est-à-dire un espace immense considéré comme la patrie de la race pure.

Chez les Arabes, on ne sait rien par informations, il faut voir par soi-même. Les Arabes se cachent même entre eux leurs chevaux de tribu à tribu, chaque tribu ayant même à craindre les autres jusqu'à une grande distance. On ne va même pas en pélerinage sur un bon cheval, il serait volé. Du reste, les Arabes actuels sont toujours les vieux arabes de l'antiquité, n'estimant que la pureté de race aussi bien chez eux que chez leurs animaux, conservant et surveillant leurs tentes, leurs chameaux et leurs chevaux.

Le Nedjd.

Il est un autre point de l'Arabie où l'on trouve des chevaux de race pure, mais ce point est resté jusqu'ici tellement inabordable, qu'il n'y a aucun espoir, au moins de longtemps, de pouvoir y pénétrer pour se procurer des chevaux.

Ce pays, c'est le Nedjd, grand empire Wahabite composé d'un grand nombre de villes et de villages. Il est situé au centre de l'Arabie entre la Mer Rouge et le golfe Persique, entre la Mecque et Bassorah sur un plateau central. Il est entouré de tous cotés par des déserts, surtout au sud et au nord. La dynastie qui y règne, descend de Ihn Saoud un Anezeh, descendant de Wahab, troisième fils de Bichir, petit fils lui-même de Ouayel (le preneur de gazelles) sous lequel avaient commencé les grandes migrations des Anezeh.

Ibrahim Pacha fils de Mehemet Ali a pénétré dans le Nedjd avec les troupes égyptiennes dans une glorieuse campagne et a ruiné la capitale qui depuis, a été transportée à Riad. De nos jours, (il y a 15 ans) le célèbre voyageur Palgrave y est allé et est resté assez longtemps à Riad et dans tout le Nedjd, dont il a donné une excellente description. D'après ses calculs, il n'y aurait guère que 5,000 chevaux dans le Nedjd, mais il dit n'avoir jamais vu de plus beaux chevaux ni de race plus pure.

Les haras de Feysull (le Roi) sont les premiers du Nedjd, et ses chevaux les plus parfaits de l'Empire. Le haras est situé au nord de la ville de Riad et les bâtiments occupent une superficie d'environ 150 yards carrés, renfermant une immense construction où les chevaux prennent leurs ébats dans le jour; le soir ils sont en stalles attachés par un pied. Ces chevaux ne sont pas grands, mais de formes exquises, les hanches pleines et robustes, les épaules admirables, les yeux grands et doux, l'oreille petite et fine, les jambes sèches, nerveuses et laissant voir les muscles et les tendons, une queue fièrement relevée, une robe soyeuse, une crinière fine; leur robe est grise, alezan doré, bai clair, noir et gris de fer. Palgrave n'en vit aucun bai brun, ou pommelé. Les chefs seuls et les vrais Arabes en possèdent et ils ne sont jamais vendus. Pour s'en procurer, il faut les recevoir en don, les obtenir par héritage ou les enlever dans un combat; jamais les meilleurs ne sont envoyés en cadeaux.

A Riad, outre le haras royal, Abdalah, Saoud et Mohammed fils de Feysull, ont chacun une écurie particulière renfermant environ cent chevaux. Ces chevaux ne servent que pour le combat ou la parade, aussi les Arabes Anezeh du désert, ont-ils assuré le capitaine Upton que les chevaux du Nedjd avaient dégénéré dans leurs qualités par suite de leur éducation et de leur vie oisive. Ces chevaux ont une délicatesse et une sensibilité extraordinaire; on les monte le plus souvent sans bride (comme tous les Anezeh du reste) et Palgrave dit en avoir monté ainsi qui lui obéissaient à la moindre pression, exécutant de suite sa volonté.

Palgrave estime le nombre des villes et villages du Nedjd à 316 renfermant 120,000 habitants et pouvant mettre sur pied 47,000 guerriers. Il estime les Bédouins nomades de l'Arabie à 73,000 et les diverses tribus des Anezeh (qu'il n'a pas vu du reste) à 3,000 Arabes seulement, ce qui est une grande erreur, et pour les diverses tribus des Anezeh on peut consulter l'excellent travail du capitaine Roger Upton qui énumère les diverses tribus des Anezeh et donne les noms de leurs cheiks actuels ainsi que la nomenclature des tribus qui possèdent les meilleurs chevaux.

Nous allons maintenant examiner qu'elle est la classification des familles des Arabes purs de l'Arabie, quelle est leur conformation et quel type ils ont, puis nous examinerons s'il existe d'autres pays en Afrique où l'on puisse trouver des chevaux de race ayant la même origine primitive que les Arabes des Anezeh et du Nedjd.

Beaucoup d'auteurs ont donné aux chevaux de l'Arabie les noms de Kadishi, d'Attechi et de Kochlani. Kadishi et Attichi sont des noms inconnus en ce qui touche les chevaux arabes du désert. Le mot Kadish connu en Syrie est un mot turc qui signifie cheval de bât ou un cheval hongre. Attichi est inconnu. Kochlani est un mot persan dérivé de l'Arabe, venant évidemment de Kohl (antimoine) à cause de la teinte noire de la peau du cheval arabe, plus particulièrement autour des yeux qui paraissent avoir été peints avec l'antimoine comme les yeux des femmes arabes mais Keheilan est le vrai nom que l'on donne au cheval arabe de pur sang du désert. Faras est le nom de la jument, mais les Bédouins l'emploient souvent comme les Anglais emploient le mot *Horse*, pour désigner les chevaux et les juments, Heddud est le nom donné à l'étalon, au cheval reproducteur.

Les Anezeh et tous les grands Arabes du désert connaisseurs en chevaux, comptent cinq grandes familles de chevaux arabes; les Keheilan, les Seglaoui, les Abeyan, les Hadban et les Handami. Leur réunion s'appelle El Klamseh. Les Anezeh n'admettent guère que ces cinq familles descendent, comme on le dit, des cinq juments de Mahomet et reportent à une époque antérieure l'ère du Klamseh. Toutefois, ils paraissent tous admettre que les cinq familles descendent de la Keheilet Adjouz (la jument arabe de la vieille femme) dont l'histoire est rapportée dans tous les livres qui traitent des chevaux arabes et conséquemment elles descendraient d'une jument de la tribu des Chamaar à un des membres de laquelle appartenait la mère de la Keheilet-Adjouz.

Tous les chevaux du Klamseh, c'est-à-dire des cinq

familles, sont Keheilan et on peut dire Keheilan Seglaoui, Keheilan Abeyan Keheilan Hamdami, etc. Pour
les vrais arabes du désert, il est aussi important qu'un
cheval soit du Klamseh que pour un cheval de pur sang
d'être inscrit au Stud-Bock

El Klamseh comprend donc cinq familles, qui sont :

1° KEHEILET-ADJOUZ (comprenant elle-même environ
70 lignées dont on peut voir la liste dans l'ouvrage du
capitaine Upton).

2° SEGLAOUI (comprenant environ 6 lignées).

3° ABEYAN (comprenant environ 12 lignées).

4° ADBAN (comprenant environ 5 lignées).

5° HAMDAMI (comprenant environ 2 lignées).

Aux yeux des Anezeh, aucune famille ne surpasse
celle des Keheilet-Adjouz, cependant plusieurs arabes
mettent encore au-dessus la lignée des Seglaoui-Djedran
et dans la famille des Abeyan, la lignée des Cherrak
est très estimée. Il faut se rappeler que le mélange du
sang des cinq familles, quand même on l'emploierait
indistinctement ne constituerait pas un croisement, car
ce ne serait jamais que le mélange de deux lignées du
même sang.

Le cheval arabe a, grâce à la pureté de son sang, un
type particulier auquel ne dérogent pas ses descendants
et les défauts accidentels qu'on pourrait observer chez
le père et la mère, ont peu de chance de se reproduire ;
le rejeton revient facilement au type de la race. D'après
le capitaine Upton juge éminent qui a résidé chez les

Anezeh, parcouru l'Arabie et en a ramené des chevaux de premier ordre; voilà quelles sont les qualités qui distinguent le vrai cheval arabe de grande race.

La première chose qui frappe chez le cheval arabe pur, c'est sa grande longueur générale. On est saisi ensuite par l'ensemble des caractères de sang et de noblesse de race. La tête n'est pas particulièrement petite ni courte, les os du front et les parois du crâne sont forts et souvent proéminents, la cavité cérébrale vaste est bien développée, les orbites de l'œil grands et saillants, l'œil bien fendu, grand et brillant, le visage maigre et plein de traits fins, le museau d'une finesse remarquable, le naseau à l'état de repos allongé, roulé, délicat et mince, en action s'ouvrant très grand et donnant à la tête un aspect carré et hardi, la partie supérieure du cou très forte et les os de cette partie ayant un large écartement, les oreilles pointues et bien plantées, dressées se tournant en dedans, ce qui est hautement considéré. Le cou d'une longueur modérée, décrivant une bonne courbe, musculeux et léger à la fois, l'attache de la tête gracieuse et la tête bien posée, le garrot assez haut, pas trop mince et bien porté en arrière, le dos court, le rein puissant, la croupe haute, la hanche fine, la queue bien placée mais courte, les quartiers longs et forts, les fessiers amples et musculeux sans être communs, les cuisses descendant bas, les jarrets nets, bien formés, bien placés et près de terre, les épaules bien placées, longues et bien incli-

nées, les bras allongés, maigres et musculeux, l'os en
arrière du genou fort et saillant, les jambes courtes et
fortes, les tendons et les ligaments gros et bien attachés, les boulets grands et forts, les paturons longs et
inclinés mais forts, les pieds larges et ouverts, plutôt
bas que hauts du talon, le poitrail profond et vaste, les
côtes très arquées et sous ce rapport l'arabe pur diffère
beaucou p des autres chevaux le coffre bon.

Le cheval est court en dessus et long en dessous et
couvre un grand espace de terrain, la peau fine et dé-
licate, le crin court, doux et soyeux, la peau se voyant
à travers le crin, la crinière et les crins de la queue
longs et fins. Le train de derrière, de la hanche aux
talons, est d'une grande longueur. L'animal est d'un
grand courage et d'un tempéramment nerveux ; il
s'excite facilement, mais il a une grande sagacité. La
pointe du jarret est forte et saillante au point de faire
supposer souvent au premier abord qu'il y a commencement de capelet. Le tendon est détaché du jarret
avec une netteté singulière ; les paturons, les boulets
et les pieds sont singulièrement développés ; il y a dans
toutes ses articulations un mélange de force et de sou-
plesse particulier au cheval arabe qui lui donne une
grande liberté et une grande aisance dans ses allures
et lui permet de galoper en descendant une côte aussi
aisément qu'en terrain plat et qui explique sa solidité
remarquable. Il n'y a pas autant de différence entre la
grosseur des jambes de devant et celles des jambes de

derrière que dans nos chevaux de course; les jambes
de devant paraissent donc plus fortes; en somme la
grande longueurs de sa hanche et de son train de derrière est contrebalancée par la force et la puissance de
ses jambes de devant.

Quand il est en action, l'arabe pur se meut souvent
comme le daim, non par bonds et sauts, mais en imi-
tant les souples enjambées de ces animaux lorsque,
la tête baissée et le corps déprimé, ils volent sur le sol.
Dans leur trot, les jambes de derrière ont souvent l'air
d'être trop longues, mais cela disparaît lorsqu'ils sont
au galop et plus le pas est rapide, plus l'allure devient
franche; ils ne semblent pas lever les jambes haut,
mais les articulations paraissent être fléchies par l'a-
baissement du corps et les membres s'ètendent simul-
tanément avec la flexion des articulations. La grande
différence que l'on peut constater entre l'arabe de
grande race et le cheval de pur sang anglais qui en
dérive, c'est que la grande longueur du premier renfer-
mée dans une forme plus compacte, a changé souvent
pour se conformer à la longueur atteinte par une jambe
plus haute et dans d'autres, par un coffre plus long et
plus mince, ce qui donne une ligne plus longue depuis
le garrot jusqu'à la naissance de la queue, un dessus
plus long et néanmoins moins d'espace couvert par
l'animal débout; mais c'est surtout dans les extrêmités
que s'aperçoivent les différences. Les paturons du pur
sang anglais sont souvent plus droits et plus au-dessus

du pied et toujours plus petits et plus minces, il y a
perte d'élasticité et de force, les tendons sont moins
fort et moins détachés surtout sous le genou et sous le
jarret, la jambe est moins large, les boulets moins
puissants et le jarret est généralement moins beau.

Il faut ajouter que les chevaux des Anezeh de grande
race sont souvent très défigurés par le feu qu'on leur ap-
plique sur plusieurs parties du corps pour tout mal réel
ou supposé. La robe grise n'est nullement une couleur
générale, le bai est la couleur la plus commune, ensuite
l'alezan, le gris et le bai-brun. La taille varie ordinairement de 1^{m}42 à 1^{m}50. Le cheval de pure race des Anezeh
est mené avec un licol, le mors est presque inconnu;
on emploie rarement les éperons et la selle n'est ordinairement qu'un coussinet avec une sangle de cuir
garnie d'anneaux de fer attachés par une courroie en
cuir. Tel est le cheval pur de l'Arabie ; maintenant que
nous avons vu où on peut le trouver dans l'Arabie
proprement dite et ce qu'il doit être, examinons s'il y
a d'autres contrées où on peut le rencontrer ou trouver
au moins des chevaux ayant la même origine.

Chevaux du Dongola, du Darfour, Soudan, etc.

Après avoir conquis l'Egypte, refoulé les habitants,
et introduit le cheval Aryen ou mongolique dans le pays,
les Hycksos s'étendirent au loin et le cheval qu'ils

avaient amené, se répandit du côté de l'Afrique et chose extraordinaire, depuis 4,000 ans cette race a conservé dans le Dongola absolument le même type que le cheval égyptien (1) introduit par les peuples pasteurs et tel qu'il est représenté sur les monuments égyptiens de cette époque, type assez éloigné du bel arabe Anezeh, type probable de la race originelle, ayant beaucoup de ressemblance avec ce qu'on appelle la race barbe et beaucoup aussi avec le pur sang anglais. Assez haut sur jambes, long cou de cygne gracieusement recourbé, queue brillamment portée, dessus très bien fait, il a seulement la tête un peu longue et busquée, comme l'ont du reste tous les animaux de ces contrées.

Répandu dans la Nubie, le Kordofan le Darfour, le Soudan, le Waday, il sert à monter les princes et les guerriers qui forment une cavalerie nombreuse; il sert surtout aux Bédouins parcourant les déserts de ces pays, à la chasse des grands animaux, de la girafe, de l'autruche, etc., ce qui indique chez ce cheval une extrême vitesse et un grand fond, car on sait que ces deux derniers animaux sont les plus vites de la création.

D'un autre côté, environ 630 avant l'ère chrétienn

---

(1) C'est ce qui donnerait raison à M. Piétrement et prouverait que c'est bien la race mongolique à tête busquée, à croupe de mulet un peu avalée qui a été introduite en Egypte et dans la Nubie, et non la race Aryenne ou arabe proprement dite, et cette race est entrée pour beaucoup dans la formation de la race Barbe.

des Grecs Doriens, sur un ordre de l'oracle de Delphes, partant de Santorin et longeant les côtes d'Afrique, vinrent s'établir auprès de la source du Kyré et y fondirent Kyrane ou Cyrène qui devint la capitale de la Cyrénaïque, puis Barcé et bien d'autres villes, pays florissant, devenu maintenant le désert de Barkah, mais qui fut un pays d'une importance capitale et d'une richesse inouïe par l'élevage immense de chevaux de premier ordre, fort recherchés alors dans toute la Grèce. Cette race formée du cheval égyptien et du cheval arabe, c'est-à-dire provenant de la même souche, (2) fut bientôt célèbre et recherchée surtout pour les courses dans les jeux olympiques.

Croisés eux-mêmes avec les chevaux numides, c'est-à-dire les mêmes chevaux élevés et améliorés par les Bédouins des déserts de l'Afrique, ils formèrent la souche de la race barbe, dans laquelle on retrouve toutes les formes de la race égyptienne et surtout de la race de Dongola. C'est ce cheval qui plus tard retrempé par de purs arabes de l'Arabie, forma le cheval des Maures d'Espagne et se répandit ensuite en Gaule, comme nous le verrons, pour laisser des traces de son sang dans plusieurs familles de chevaux de ce pays.

---

(1) C'est-à-dire de chevaux également originaire des hauts plateaux de l'Asie, mais provenant évidemment du croisement des deux races aryenne et mongolique, la race asiatique à chanfrein droit et la race asiatique à chanfrein busqué.

L'ancien égyptien, le Dongola actuel, est le cheval ordinaire de tout le Soudan, c'est-à-dire du Waday, du Darfour, du Kordofan, du Senaar et en observant que les meilleurs chevaux et de la race la plus belle, se trouvent comme toujours, chez les Bédouins du désert qui errent autour de ces pays et se livrent, comme je l'ai dit, à la chasse de la gazelle, de la girafe et l'autruche, chasse qui nécessite des chevaux de premier ordre. Les Foriens ou Darfouriens ont toujours en outre au moins 20,000 cavaliers auxquels se joignent des Bédouins dans leurs expéditions. En expédition, la tête de leur cheval est couverte d'un chanfrein en tôle garnie de drap rouge et appelé Karjil et le corps du cheval est recouvert d'une pièce d'étoffe fourrée de coton et piquée comme une courte-pointe. Ces armures défensives sont destinées à les garantir des flèches et les cavaliers eux-mêmes portent la cotte de mailles recouverte d'une sorte de souquenille fourrée de coton et piquée comme celle de leur chevaux.

Au Soudan, comme au Darfour, comme en Algérie, comme en Arabie, c'est toujours le Bédouin du désert qui a le meilleur cheval.

Aux environs du Darfour et du Waday, il y a de nombreuses tribus arabes qui vivent sous la tente, errant en nomades dans d'immenses étendues de désert. Le Soudan comme le Darfour a une nombreuse cavalerie et ses Émirs sont souvent à la tête de 10,000 cavaliers.

De temps immémorial, il y a des courses de chevaux dans le Soudan. Les chevaux y sont nourris avec des herbes et du sorgho concassé mêlé à du miel; ils boivent du lait de chameau. On les frotte souvent avec du beurre. Les Bédouins n'emploient guère le Sorgho et font pâturer leurs chevaux; ils recherchent beaucoup les bons chevaux et les achètent très cher.

Bruce, voyageur anglais qui est allé dans le Dongola, fait un grand éloge de ces chevaux auxquels ils reconnaît une beauté et une symétrie très grandes, des mouvements souples, agiles et élastiques, une docilité extrême et un grand attachement à l'homme avec une taille plus grande que celle de l'Arabc.

Bossman, excellent sporstman anglais, qui y est allé également, dit que les chevaux de choix du Dongola sont les plus parfaits qui existent, qu'ils sont beaux et élastiques dans leurs mouvements, dociles et affectueux. Un de ces chevaux fut vendu au Kaire en 1816, 25,000 francs. Aujourd'hui on pourrait assez facilement s'en procurer par l'agent de M. Hagenbeck de Francfort, le grand importateur d'animaux. Cet agent qui réside toujours sur le Haut Nil et qui fait constamment la chasse aux grands animaux avec les tribus de l'intérieur, serait à même d'importer facilement des chevaux de ce pays.

Barbes

Nous avons vu comment s'était formée la race barbe avec les chevaux de la Céranïque, les chevaux égyptiens ou de Dongola et les chevaux numides, tous en somme sortant à peu près de la même souche, modifiés seulement par l'élevage, le climat, les mœurs, etc. (1) La patrie des Barbes s'étend le long de la Méditerranée depuis l'Egypte jusqu'à l'Algérie, en s'enfonçant dans le grand désert, autrefois la Libye. Remarquons toutefois qu'il y a environ deux siècles, l'Arabie ayant été désolée par une grande famine, des tribus arabes émigrèrent en Egypte et s'avancèrent le long de la côte par le Barkah jusqu'à Tunis. Devenus bientôt trop

---

(1) Il est à croire toutefois qu'il est entré aussi dans la formation de cette race, un élément plus étranger par l'introduction dans la Berberie, de chevaux venus du Nord, une première fois vers le xive siècle avant J.-C. avec les formidables invasions de peuples du Nord (les peuples à dolmens) qui ont laissé des familles reconnaissables à leurs cheveux blonds et leurs yeux bleus et ensuite avec les grandes invasions des Vandales, dont les chevaux haussèrent certainement la taille et grossirent la tête de la race qui occupait le pays, en maintenant la tête busquée malgré l'introduction si souvent renouvelée dans la race mongolique de sang de la race aryenne ou arabe pur à chanfrein droit.

Et que par conséquent ces chevaux de pur sang-là ne sont que des métis, ayant toujours une disposition à revenir à un des types originels, et se conservant beaucoup moins facilement à l'état pur du type que ceux qui ont uniquement pour ancêtres des chevaux de race aryenne ou mongolique, c'est-à-dire provenant d'étalons arabes ou barbes importés croisés avec les royal marc ou autres juments arabes importées.

puissants et redoutables pour leurs voisins, le Bey de Tunis, Zenati Khalifeh les attaqua et les repoussa dans le Sud où il sont encore et possèdent dit-on, 10,000 tentes. Comme ces tribus possédaient de très beaux chevaux et de la meilleure race, il est à croire qu'ils en possèdent encore.

Introduction du cheval arabe en Espagne et en Gaule. — Les Maures en Espagne et en Gaule.

Les Maures vinrent en Espagne vers 72 et y maintinrent leur domination pendant près de 800 ans. Pendant cette période, leurs chevaux qu'ils avaient amené et dont la race était formée de la race arabe, égyptienne, céranïque et numide se propagèrent dans la Péninsule où le sol sec et élevé de l'Andalousie dut être favorable à la propagation de la race, mais peut-être perdirent-ils hors du désert et dans une oisiveté relative, une partie de leurs qualités.

La magnificence des princes Sarrazins, la splendeur des Cours de Grenade et de Cordoue, le besoin qu'ils avaient d'une bonne cavalerie, concoururent à attirer en Espagne un grand nombre de beaux chevaux arabes Aussi par exemple au x° siècle le grand Vizir Abdel Malek offrit au Kalife Abdel-Rah-Man III quinze beaux chevaux arabes venant de l'Arabie et il est évident.

2·

qu'il y eut de nombreuses importations de ce genre. Il y avait, du reste, en Espagne, à cette époque, une cavalerie formidable, car à la fameuse bataille de Zalaca (1086) livrée au-dessus de Badajoz, Alphonse VI le brave, avait 80,000 cavaliers dont 30,000 cavaliers Musulmans à sa solde et le terrible Abdel-Mounin envoya de son côté le gouverneur de Cordoue au secours de Badajoz avec 18,000 cavaliers. Le même Kalife, voulant accabler l'Espagne, appela tous les Musulmans à la guerre sainte et réunit, dit-on, autour de Salé 300,000 cavaliers. En 738, 200,088 Sarrazins envahirent tout le midi de la France et occupèrent les deux rives du Rhône, laissant des traces de leur passage et de leur domination, non seulement dans des monuments comme auprès d'Arles, ou dans des camps comme le mont Cordouan et dans des villages et établissements où ils restèrent comme à la Garde Freynet, mais laissant aussi de la race de leurs chevaux dans la Camargue où la trace en est encore visible, à Hyères où la race existait au commencement de ce siècle, à Frejus et à Cogolin où le sang paraît s'être conservé le plus pur.

La défaite des Maures par Charles Martel près de Poitiers, laissa un grand nombre de leurs chevaux, non seulement dans les Pyrénées, mais aussi dans le centre de la France et les chevaux du Limousin et de l'Auvergne en provenaient certainement. Ce sont donc les Maures que l'on peut considérer comme les premiers introducteurs des chevaux arabes en Gaule, laissant de côté la question des chevaux qui avaient pu y être introduits du temps des Romains, question très peu élucidée, car s'il vint certainement à cette époque, beaucoup de chevaux arabes qui formaient la plus grande partie de la cavalerie d'alors, soit ennemie, soit auxiliaire, on ne sait rien de l'influence qu'elle a pu exercer à cette époque sur les races indigènes, tandis que l'influence causée par les nombreux chevaux laissés par les Maures est certaine.

Chevaux arabes ramenés des Croisades

Le mouvement causé par les croisades, facilita l'introduction des chevaux arabes. Il est inutile de s'appesantir beaucoup sur ce sujet qui a été traité, et si bien par M. Gayot et par M. Houel, mais les premiers, seigneurs, chevaliers qui allèrent à Constantinople, en Syrie, en Palestine en Egypte, à Tunis, ramenèrent presque tous des chevaux arabes qui furent employés comme étalons. Les uns trouvant dans le Midi, dans le Limousin, dans l'Auvergne des chevaux qui avaient déjà du sang arabe, maintinrent la race ou la perfectionnèrent; d'autres trouvant en Bretagne, une race primitive, la plus ancienne des Gaules et ayant peut-être elle-même une origine Aryenne et un sol qui lui convenait, améliorèrent aussi cette race en la retrempant par un même sang mais amélioré et perfectionné; d'autres enfin croisés avec des races de trait dont l'origine est inconnue, mais était peut-être la même, seulement abatardie, alourdie par les marais, les forêts et les climats humides et rigoureux du nord de l'Allemagne et de la Hollande, la retrempèrent, la modifièrent et en firent petit à petit la race boulonnaise et la race percheronne, ces deux races, qui malgré la différence de taille et de poids, ont pourtant tant de points de ressemblance avec la race arabe. Les belles races de selle françaises étaient surtout estimées à cette époque, parce que tout le monde montait à cheval, hommes et femmes, qu'il fallait de ces chevaux non seulement pour le voyage, la chasse ou la guerre, mais aussi pour les nombreux manèges et académies, pour la poste et les courriers (et combien en fallait-il seulement pour ces derniers dans toute la France, à une époque où il y eut à la cour jusqu'à 400 *chevaucheurs d'écurie* pour faire l'office de courriers).

Les chevaux de selle, se conservèrent assez longtemps pareils par l'unique sélection dans la race et par l'introduction de quelques bons étalons arabes, constamment amenés d'Orient par les écuyers des riches seigneurs ou par les marchands qui ramenaient continuellement d'Orient, avec les riches productions de ce pays, si recherchées à cette éppoque, des oiseaux de fauconnerie et des chevaux. L'histoire chevaline de la France est pleine de détails à ce sujet et l'on voit constamment les rois et les ministres (comme Colbert), les riches seigneurs envoyer leurs écuyers chercher des étalons. Le dernier de tous, à ce que je crois, le sieur Guerche, écuyer du manège du Roi à Versailles ne fut-il pas envoyé, en 1778, en Orient d'où il ramena 24 étalons. L'histoire dit que l'un des plus beaux, de la race la plus pure du désert, lui fut enlevé par les Arabes, avant le départ du convoi, tellement ils regrettèrent son départ. L'un de ces chevaux, le Mahomet, dont parle Bourgelat, fut envoyé dans les Pyrénées où il laissa de très bons produits.

Il est temps maintenant d'étudier le grand rôle que joua le cheval arabe dans la formation de la race de pur sang et de parcourir un peu la liste des étalons arabes qui y furent employés.

Race de pur sang. — Influence du sang arabe sur sa production en Angleterre

Je ne veux pas faire ici l'histoire complète de la formation de la race de pur sang en Angleterre. Ce serait d'abord trop long, dans une simple étude, ensuite elle est trop connue et a été trop bien faite mainte fois, entre autre, par sir John Lawrence pour que je la reproduise, même incomplète. Mon étude ne comporte d'ailleurs que le rôle qu'y joua le sang arabe, son influence, et je me bornerai à essayer de prouver trois choses :

1° L'influence du sang arabe dans sa formation, en citant les noms des principaux étalons arabes ou orientaux qui furent alors employés en Angleterre.

2° Que la race de pur sang n'est pas entièrement composée de chevaux descendant d'arabes purs, mais que beaucoup de familles ont une tache originelle provenant de mères inconnues et sans race, livrées au début surtout, aux étalons arabes (1).

3° Que les meilleures familles sont celles qui descendent d'arabes purs et surtout d'arabes de grande race et que par conséquent les meilleurs chevaux de pur sang sont ceux qui proviennent de l'accouplement des grands étalons Godolphin et Darley entre autres, avec des juments issues d'eux-mêmes avec des filles de *Royal mare* ou d'autres juments arabes importées.

Jacques Ier et Cromwell paraissent s'être occupés les premiers de l'introduction d'étalons arabes pour l'amélioration des chevaux de la Grande-Bretagne, mais ce fut Charles II surtout qui fit les plus grands efforts pour le perfectionnement de la race chevaline. Il envoya, entre autres, le *maître de ses écuries*, sir John Fenwick, puis ensuite sir Christophe Wiwül, en Orient, acheter des étalons et surtout des juments, connues depuis sous le nom de *Royal mare*, et aussi des juments barbes venant de Tunis ou de Tripoli. Ce furent, on peut dire, les meilleurs ancêtres de la race de pur sang.

Sous Jacques Ier, les meilleurs étalons étaient :

----

(1) Voir le 2me alinéa de la note précédente.

Le turc Helmsley, appartenant au duc de Buckingham et qui fut père de Bustler.

Dorsworth barbe, né en Angleterre d'une Royal mare, qui fut mère elle même de Vixen par Helmsley.

Le barbe Taffolet.

— Le barbe White, acheté par Jacques Ier à M. Place, écuyer de Cromwell.

Le barbe Marocco appartenant à Fairfax.

L'arabe Legged Lowther.

Le turc Lister, amené par le Duc Berwick du siège de Bude et père de Snake, de Brish, de Piping-Pig, de Coneskin, etc.

Sous Guillaume II furent célèbres les étalons :

L'arabe Oglethorpe.

Le turc Byerley, cheval de guerre du capitaine Byerley dans la guerre d'Irlande, et père de Spirite, de Black Heary, d'Archer, de Basto, de Grass Hopper, de Byerley Gelding, etc.

— Le barbe Greyhound venu poulain avec sa mère qui avait été achetée en Orient par M. Marshall pour le roi. Il fut père d'Othello, de White foot, d'Osmyn, de Rake, de Sampson, de Goliath, de Favorite, de Desdemona, etc. Le même M. Marshall, *maître des haras*, sous Georges Ier amena d'Orient une excellente jument barbe, Moonah, et un barbe blanc célèbre qui fut vendu à M. Hotton.

A la même époque sont étalons :

Les turcs ou arabes *blancs et jaunes* de M. d'Arcy

qui furent pères de Hauboy, de Grey Royal, de Camon, de Spancerk de Brinmer, etc.

Sous la reine Anne, les étalons célèbres sont :

Le barbe CURVEN'S BAY (1).

Le barbe TOULOUSE.

Le barbe GROFT'S BAY

Le terrible barbe CHILLABY

Le barbe SAINT-VICTOR.

Le barbe COL'S.

L'arabe LEEDS,

L'arabe WOODSTOK.

L'arabe HOMESWOOD WHITE ARABIAN ou WILLIAM'S.

Et enfin le fameux arabe Anezeh DARLEY, père de ce foudre de vitesse Flying Childers et dont je reparlerai tout à l'heure.

Jusqu'à Darley, et pendant le commencement du XVIIIᵉ siècle, on avait acheté peu d'arabes par suite de la guerre que leur avait faite le célèbre écuyer, duc de Newcastle, et de la défaveur qu'il avait jetée sur l'arabe de M. Markham que celui-ci avait acheté 500 livres pour Jacques Iᵉʳ; mais vers 1730, ils repren-

---

(1) M. Curven du Camberland avait acheté ces deux chevaux à Paris du comte de Toulouse, et ces deux étalons barbes avaient été offerts à Louis XIV par Muley Ishmaël, empereur du Maroc.

L'un deux Curven's Bay fut père du célèbre Mixbury Galloway qui n'avait que 1ᵐ37 et dont la sœur fut la mère de Partner, le grand père du fameux Hérode Curven's, Bay Barbe fut encore le père de Bay Arabian et le grand père du fameux cheval Monkey, d'origine complétement orienrale, sa mère par Byerley Turk.

nent une nouvelle faveur et nous voyons comme étalons recherchés et célèbres :

L'arabe ALCOCK.

L'arabe BLOODY SHOULDERED.

L'arabe BETHEL'S.

Le turc BELGRADE.

Le barbe TARRAN'S BLACK.

L'arabe CYPRUS.

L'arabe DEVONSHIRE.

Le barbe HAMPTONCOURTGREY.

L'arabe HALL'S.

Le turc JOHNSON'S.

L'arabe CHESNUT LITTON'S.

Le persan MATHEW'S.

L'arabe NOTTINGHAM'S.

L'arabe NEWTON'S.

Le turc PIGOT'S.

L'arabe WYN'S.

L'arabe STRIKLAND'S.

L'arabe LONDALESBAY.

et surtout le barbe GODOLPHIN.

Plus tard encore furent célèbres :

L'arabe CROMPTON ou SIDNEY.

L'arabe CULLEN.

L'arabe COOMB.

L'arabe BEEL.

L'arabe DAMASCUS signalé comme du plus pur sang du désert

L'arabe Northumberland.

L'arabe Vernon.

L'arabe Oxlade.

L'arabe Newcombe.

On voit donc, sans compter les Royal mare et les autres juments arabes importées, quel fut le grand rôle du sang arabe ou oriental dans la formation de la race de pur sang; mais avant d'arriver à certaines observations importantes sur la pureté de la race, sur la formation du stud bock et sur l'influence des familles venant d'arabes purs, il nous faut dire quelques mots sur deux des plus grands chevaux arabes qui aient influé sur la qualité des chevaux de pur sang.

Darley-Arabian

M. Darley, grand chasseur du Yorkshire, agent de commerce dans le levant et résidant quelquefois lui-même à Alep où son frère habitait, fit acheter par lui cet étalon à une tribu des Anezeh qui, comme aujourd'hui encore, venait tous les ans, des bords de l'Euphrate commercer auprès d'Alep, et, chose singulière, des voyageurs ont pu constater depuis, que le souvenir de la vente de cet étalon fameux, était resté dans les légendes des tribus Anezeh. Darley saillit peu de juments hors celles de M. Darley. Il fut père de Flynig-

Childers, de Bartlett-Childers, d'Almanzor, etc. et grand père de Blaze et d'Éclipse et de Sampson, ce cheval si extraordinairement membré. Nous verrons quelle fut son influence sur les générations suivantes.

Godolphin

Contrairement à une tradition mensongère qui le fait acheter en France à une charrette où il aurait été mis par rebut, ce qui était d'autant moins admissible qu'il vécut 23 ans en Angleterre, ce célèbre étalon, véritable type du cheval du Dongola, si l'on en juge par son portrait, fut acheté en Barbarie par M. Coxe, sans généalogie mais comme né en 1724. M. Coxe le donna à M. William, du café Saint-Jacques, qui le céda à Lord Godolphin, lequel l'employa à son haras comme boute-en-train, de 1730 à 1731. Hobgoblin ayant refusé de saillir la jument Roxama, elle fut saillie par Godolphin et donna naissance à Lath. Godolphin, mort à 29 ans, en 1753, fut père de Lath, de Cade, de Régulus, de Brabaham, de Blank, de Dismal, de Bajazet, de Tamerlan, de Tarquin, de Phœnix, de Stag, de Blossom, de Dormouze, de Shewball, de Sultan, de Old England, de Noble, de Gower stallion, de Godolphin Cob, de Cripple, d'Entrance, etc.

Il est important de remarquer que sauf les Royal mare et en somme un nombre assez restreint d'autres juments arabes importées d'Orient, tous ces étalons arabes furent donnécs à des juments plus ou moins bonnes des provinces où ils étaient conduits sans qu'on s'occupât ou qu'on put savoir leur origine, et que les produits des Royal mare ou des autres juments arabes pouvaient seuls être considérés comme de race pure ou au moins avoir quelques probabilités pour cela.

En 1620, sous Charles II, on avait commencé, comme nous l'avons vu, à importer des étalons et des juments arabes et ce ne fut qu'en 1730, cent trente ans après que parut *an Historiacal List of Horse Matches ;* en 1769, *the Sporting Calendar,* et en 1775 seulement *the Racing, Calendar,* tout cela fort incomplet, ne donnant que de courtes généalogies, de sorte que sauf pour les *Royal mare* et autres juments arabes, on ne savait guère à quelle race remontait l'origine. Ce n'est qu'en 1793, qu'on fit le premier volume du *général stud bock* qui fut présenté alors au public : « non comme exempt d'erreurs, mais dans l'espoir fondé qu'on pensera qu'il contient dans le cadre le plus concis, la plus grande masse de faits positifs relativement à la généalogie des chevaux ».

Ce qui frappe donc, dans l'histoire de la formation de la race anglaise de pur sang, c'est que sauf, pour certaines familles, les chevaux dits de pur sang, ne sont pas issus seulement d'arabes purs, mais qu'ils proviennent en grande partie d'un métissagé de chevaux orientaux (barbes, turcs, persans, arabes) avec des juments de pays, et que ce n'est que vers 1750 qu'on a commencé à faire une attention marquée à la généalogie des chevaux et à en tenir des registres exacts. Ces points sont importants à constater pour les causes de dégénérescence future.

La race de pur sang est donc, en grande partie, une race formée par un métissage commencé il y a long-temps, qui a subi des interruptions, mais qui a été suivi avec persévérance lorsque les courses ont prouvé que les chevaux provenant de l'alliance entre eux de ces métis, étaient les plus forts et les plus légers à la course, et parconséquent l'expression de *pur sang* veut dire seulement « chevaux provenant d'un métissage très ancien et très suivi avec les races d'Orient ».

Toutefois, il est bon d'examiner un autre point important, c'est de savoir si le sang arabe pur n'a pas eu en Angleterre une action encore plus grande qu'on pourrait le croire sur la production des meilleurs chevaux de pur sang, c'est-à-dire, si les meilleurs ne furent pas et ne sont pas encore ceux qui venaient des chevaux arabes croisés entre eux, sans tache originelle d'un sang inconnu.

Shark

Ainsi, par exemple, Shark, un des plus grands chevaux du siècle dernier, était né d'un père unique dans les deux lignes et de juments issues elles-mêmes d'arabes purs, car il était fils de Marske et d'une jument fille de Snake. Marske était fils de Squirt et celui-ci de Bartlett-Childers. Snap était fils de Snip fils lui-même de Flyning-Childers, frère de Bartlett-Childers et comme lui fils du fameux arabe Darley. Or, outre la coupe de Claremont, onze pièces de claret, la cravache, etc., Shark a gagné en prix, vaisselles, plates, forfaits, etc., la somme énorme pour cette époque de 417,482 fr., supérieure à toutes les sommes gagnées par les autres chevaux.

Sweet brear

Sweet brear, un des plus beaux chevaux qu'il y ait eu en Angleterre, qui ne fut jamais vaincu, et fut un étalon hors ligne, était fils de Syphon et d'une fille de Schakespeare. Siphon était fils de Squirt et celui-ci de Bartlett. Childers, fils lui-même de Darley. Shakespeare, à son tour, était fils de Hobgoblin fils lui-même d'Aleppo, fils également de Darley. De plus, Little-Darley, mère de Shakespeare était fille elle-même de Bartlett-Childers, et par conséquent également petite fille de Darley.

Brabaham Blank

Brabaham Blanck était fils de Brabaham et d'une

jument sœur de Blank et fille de Godolphin et Brabaham était lui-mème fils de Godolphin et d'une jument
arabe. Il fut étalon remarquablo et père, entre autres,
de Carbuncle dont la mère était encore une fille de Cade
autre fils de Godolphin, d'origine pure orientale ; il était
très grand pour sa race, surtout à cette époque, puis-
qu'il avait 1ᵐ61.

High-Flyer

L'invincible High-Flyer était fils d'Hérod (issu de
tous les côtés d'arabes) et de Rachel fille de Blanck
et petite fille de Régulus, tous deux issus de Godolphin.
Rachel fut la mère de Marc-Anthony, de Muslin, de
Dumy, d'Antonia, de Dorilas, etc., tous grands vainqueurs.

Johanny

Le fameux Johanny était fils de Matchem et d'une
jument fille de Brabaham, petite fille, par conséquent,
de Godolphin, et Matchem était fils de Cade, autre fils
de Godolphin.

Partner et Tartar

Gigg, fils du turc Byerley, et d'une jument petite fille
du turc de M. d'Arcy, accouplé avec la jument barbe,
Curven-Bay-Barbe, produisit le célèbre étalon Partner,
qui, accouplé avec Méliora, fille de Old Fox, petit fils

de Old Hauboy, issu du turc de M. d'Arcy, et d'une Royal mare, produisit Tartar.

Hérod

Le même Partner accouplé avec Cypron, fille de Darley, produisit le fameux Hérod ; la mère de Cypron était elle-même fille de l'arabe Bethell.

Cade

Godolphin, accouplé avec Roxanne petite fille du barbe Saint-Victor et dont la mère était fille de Whynot fils de barbe et d'une Royal mare, produisit le fameux étalon Cade ancêtre de tant de bons chevaux.

Matchem

Cade, croisé avec une fille de Partner, fit le fameux Matchem, et de cette famille descend directement un excellent étalon Sorcerer.

Bartlett-Cilders

Darley avec Belly Leeds, petite fille de Spanker et d'une jument barbe, Spanker étant lui-même fils du turc de M. d'Arcy et d'une jument arabe fille de Morocco et de *Old Bald Pig arab*, produisit le fameux Bartlett-Childers, père de tant d'étalons et de tant de vainqueurs.

Eclipse

Marske, que nous avons vu tout à l'heure d'origine pure arabe, produisit Eclipse par un accouplement avec Spiletta fille de Régulus, fils lui-même de Godolphin et de Grey Robinson, fille elle-même de Bald Galloway, fils du barbe Saint-Victor et d'une fille d'un arabe et d'une Royal mare.

Je pourrais citer encore beaucoup d'autres généalogies analogues, mais celles-ci suffisent, je pense, pour prouver, ou du moins faire croire :

1° Que le sang arabe pur a fait les meilleurs chevaux de course et les meilleurs étalons de l'Angleterre.

2° Que le croisement des familles dans la race de pur sang, sans s'inquiéter des taches originelles, a été la source de plus d'une erreur et de nombreuses déceptions.

3° Que si on voulait remonter le pedigrée complet de beaucoup de purs sangs dégénérés, on verrait que ce sont généralement ceux qui ont à leur origine un croisement impur et que les meilleurs sont ceux qui viennent primitivement d'arabes purs des deux côtés. Personne ne peut nier que le cheval arabe de pur race, ne soit, dans sa taille, le plus parfait de proportions et que lui seul peut encore reproduire dans une parfaite symétrie ces belles proportions approchant de la perfection.

Il est vrai que depuis, en Angleterre comme en France, beaucoup de chevaux orientaux, loin de perfectionner la race de pur sang, n'ont fait souvent qu'amoindrir sa taille et ses formes, mais avec quelles juments étaient-ils croisés? provenaient-elles de ces grandes familles d'origine pure arabe ou bien de ces familles entachées de taches originelles, et qu'étaient eux-mêmes ces étalons? le plus souvent des orientaux dont l'origine était douteuse, des syriens de mauvais aloi, de formes et de qualités médiocres et qui étaient bien loin d'être de ces arabes de grande race qui sortent si rarement de leurs tribus, car tous les voyageurs honnêtes, sérieux et connaisseurs reconnaissent que très peu de vrais arabes sont sortis de leurs pays pour être emportés en Europe, surtout depuis un siècle, un Darley, un Tajar, un Massoud, un Saklaoui-Abdam et peut-être un Emir, malheureusement si peu apprécié. — On ne peut presque rien savoir d'exact sur une bonne partie des chevaux orientaux importés autrefois — ils sont nommés barbes, turcs, persans, arabes, sans discernement, sauf pour quelques-uns, comme Darley dont on connaît mieux l'histoire. Les acheteurs leur assignaient comme race le même nom que leurs vendeurs qui leur donnaient le plus souvent pour patrie, le lieu où ils les avaient acheté. — Ainsi un cheval acheté en Turquie, était turc, tandis qu'il venait peut-être d'Arabie — un Persan pouvait de même être Arabe et même de la bonne tribu des Chamaar qui rôde si près des frontières de la Perse, comme un Egyptien pouvait fort bien venir de la Mecque et sortir du Nedjd.

Ce qui paraît certain, c'est que les meilleurs familles de pur sang sont celles qui ont du sang des grands Godolphin et Darley sans sang étranger à l'Arabie.

Depuis 1768, le sang arabe a été à peu près abandonné dans la reproduction des chevaux de pur sang en Angleterre, mais Hérod, Matchem, Eclipse, etc., issus tous d'arabes purs, ont conservé le généreux sang de leurs aïeux et l'ont généralement transmis dans sa pureté.

Maintenant, si l'espèce est meilleure aujourd'hui qu'autrefois, nous avons atteint le plus haut point de perfection et il ne reste plus qu'à nous y maintenir, si nous le pouvons.

Si, au contraire, il y a des signes de dégénérescence, s'il est prouvé que ces chevaux ne transmettent plus aussi bien les qualités supérieures de leurs aïeux, si à mesure qu'ils s'éloignent de la souche primitive, ils ont moins de fonds, moins de tempérament, moins de résistance dans les membres que leurs ancêtres; pourquoi ne pas essayer de puiser de nouveau aux sources qui avaient produit ces chevaux extraordinaires, en un mot, aux Arabes purs de grande race.

On ne peut nier que de nos jours, quoique le cheval de pur sang ait augmenté de taille et peut-être de vitesse (ce qui n'est nullement prouvé du reste) il a perdu beaucoup de ses qualités premières, qu'il est infecté de cornage et de presque toutes les tares osseuses, si inconnues autrefois, et si rares dans la race arabe, que ses membres sont donc devenus moins résistants, qu'il est devenu plus haut, plus enlevé, qu'il a très souvent des membres grêles, des tendons minces, des paturons et des boulets petits et mal faits. Il y a là pour les gens sérieux une dégénérescence visible. Certes, il naît de temps en temps des chevaux magnifiques, réunissant à une taille et à une tournure splendide des membres et des qualités que rien ne peut guère dépasser; mais combien en naît-il comme cela dans une année sur un effectif aussi considérable et il y a-t-il homogénéité dans la race? la moyenne est déplorable, plus des trois quarts sont atteints de tares héréditaires et l'impossibilité de trouver des étalons sains, augmente tous les jours; presque plus de ces bons modèles près de terre, musclés et soudés et portés sur des membres irréprochables. Soit par suite de dégénérescence causée par les taches originelles de certaines familles, soit par suite d'un travail trop prématuré qui développe des tares qui ne seraient pas produites, soit par suite d'un travail excessif, uniquement dans un but spéculatif, soit surtout par l'emploi de pères et de mères atteints de tares héréditaires et uniquement employés par suite de succès fugitifs dans des courses de vitesse de peu longueur, toujours est-il qu'on ne peut nier une certaine dégénérescence dans les chevaux de pur sang et que beaucoup d'amateurs sérieux de la race chevaline ne soient d'avis qu'il serait grand temps de retremper la race par l'introduction d'un peu de sang d'Arabes purs de la plus belle origine.

Cela a toujours été l'avis de l'Administration des Haras et quoique cet avis ait été depuis longtemps combattu par ceux-mêmes qui sont les plus intéressés à l'amélioration de la race de pur sang, mais qui mus surtout par des questions d'intérêt, ne pensent qu'à la reproduction immédiate de chevaux de course plus vites que les autres et qui peuvent ainsi leur rapporter aussi le plus d'argent, quitte à ne pas durer, cependant des Anglais eux-mêmes, qui depuis longtemps avaient repoussé l'emploi d'étalons arabes pour la race pure, sont arrivés depuis quelques années à reconnaître qu'il y aurait peut-être avantage pour l'avenir, à retremper la race et à remettre un peu de sang arabe ; et comme ce sont des éleveurs sérieux et émérites qui ont eu ces idées, que les Anglais sont des gens pratiques, habiles, comme le disait Nemrod à manier la chair de cheval et fort au courant de toutes les questions de race, de sélection, de consanguinité, d'influence des reproducteurs, etc., ils ont fait venir à grands frais des chevaux et des juments arabes des meilleures tribus des Anezeh et depuis au moins dix ans, élèvent de la race arabe pure, se gardant bien de faire directement des croisements avec leurs pur sang, jnsqu'au jour où leurs arabes nés et élevés en

Angleterre de parents purs seront assez acclimatés par deux ou trois générations, pour être employés avec profit.

On ne saurait, à ce sujet, trop étudier le remarquable rapport du capitaine Roger Upton qui a passé un long temps chez les Anezeh pour choisir des étalons et des juments, décrire la race arabe pure et ramener les admirables chevaux qui sont actuellement en Angleterre, ni visiter avec trop de soin en Angleterre, le beau haras arabe de M. Blount près de Brighton.

La race arabe est surtout précieuse par sa longévité, sa résistance à la fatigue, sa tempérance, la bonté et la beauté de ses membres, la puissance de ses muscles et de ses tendons. A ce point de vue, elle est sans rivale pour retremper le sang de races dégénérées, pourvu toutefois que la race avec laquelle on l'emploie ait la même origine qu'elle, et pourvu que les animaux employés soit comme étalons, soit comme poulinières, aient déjà subi une acclimatation, car rarement les animaux amenés subitement du Midi au Nord, sont de bons reproducteurs. Il faut d'abord que la race ait été acclimatée, qu'elle s'y soit reproduite dans sa pureté avant qu'elle soit employée pour améliorer des races qui, en outre, doivent avoir une origine qui les rapproche de la sienne. Elle est bonne pour les races de pur sang, du Midi, de l'Auvergne, du Limousin, etc.; elle peut être employée pour retremper les races percheronne ou boulonnaise, elle est admirable avec la

race de Suffolk et même celle du Norfolk en Angleterre,
et convient parfaitement à beaucoup de races de l'Autriche et de la Russie. Employée même avec certaines
familles normandes, mais qui deviennent rares et qui
avaient du sang de Massoud ou de Nichab (une des
plus pures juments anezeh qui ait été introduite dans ce
siècle) elle ferait des produits qui pourraient étonner
si on ne savait pas l'origine de ces familles où elle
retrouverait des parcelles de son sang.

Cte Le Couteulx

Saint-Martin, 16 septembre 1884.

IMPRIMERIE TYPOGRAPHIQUE A. MINART ET Ce

120, RUE DE COURCELLES, 120

LEVALLOIS-PERRET